BEI GRIN MACHT SICH IHR WISSEN BEZAHLT

AF149052

- Wir veröffentlichen Ihre Hausarbeit,
  Bachelor- und Masterarbeit

- Ihr eigenes eBook und Buch -
  weltweit in allen wichtigen Shops

- Verdienen Sie an jedem Verkauf

Jetzt bei www.GRIN.com hochladen
und kostenlos publizieren

GRIN ☺

Galija Achmedschina

Räumliche Auswirkungen des Tourismus in den MOE-Staaten am Beispiel von Polen

GRIN Verlag

Bibliografische Information der Deutschen Nationalbibliothek:

Die Deutsche Bibliothek verzeichnet diese Publikation in der Deutschen National-
bibliografie; detaillierte bibliografische Daten sind im Internet über http://dnb.d-
nb.de/ abrufbar.

Impressum:

Copyright © 2007 GRIN Verlag GmbH
Druck und Bindung: Books on Demand GmbH, Norderstedt Germany
ISBN: 978-3-638-77172-6

Dieses Buch bei GRIN:

http://www.grin.com/de/e-book/71886/raeumliche-auswirkungen-des-tourismus-
in-den-moe-staaten-am-beispiel-von

GRIN - Your knowledge has value

Der GRIN Verlag publiziert seit 1998 wissenschaftliche Arbeiten von Studenten, Hochschullehrern und anderen Akademikern als eBook und gedrucktes Buch. Die Verlagswebsite www.grin.com ist die ideale Plattform zur Veröffentlichung von Hausarbeiten, Abschlussarbeiten, wissenschaftlichen Aufsätzen, Dissertationen und Fachbüchern.

Besuchen Sie uns im Internet:

http://www.grin.com/

http://www.facebook.com/grincom

http://www.twitter.com/grin_com

TU Chemnitz
Allgemeine Sozial- und Wirtschaftsgeographie
Wintersemester 2006/2007
Hauptseminar: Allgemeine Sozial- und Wirtschaftsgeographie

Räumliche Auswirkungen des Tourismus

in den MOE – Staaten am Beispiel von Polen

Galija Achmedschina
13/11/11 Semester

Inhaltsverzeichnis:

1. Einleitung

Der Tourismus wird oft als „weiße Industrie" bezeichnet. In Bezug auf die Umweltschädigung schneidet diese Branche im Vergleich mit der Industrie in der Tat viel besser ab. Und auch die landwirtschaftliche Nutzung erfolgt oft nicht so schonend und nachhaltig wie dies im Idealfall eines sogenannten „sanften Tourismus" ist. Unbestreitbar verlockend ist die Entwicklung von dieser Dienstleistungsbranche für viele Regionen, die sonst über wenig oder gar keine Bodenschätze wie auch Nutzböden für die Landwirtschaft verfügen, dafür umso mehr die einzigartige Schönheit der Natur ausnutzen können. So ist es z.B. in vielen Bergregionen der MOE-Länder, aber auch in vielen Naturreservaten bzw. Naturschutzgebieten. Wenn es gelingt, in solchen Gebieten den Naturschutz mit einzubeziehen, wird es bestimmt zu einem guten Beispiel von erfolgreicher Bewirtschaftung und gleichzeitig ein Beitrag zu dem Umweltschutz, der immer mehr an Aktualität gewinnt.
Außerdem wird infolge von Tourismus die Infrastruktur des jeweiligen Landes mehr und mehr ausgebaut, sehr oft auch grenzüberschreitend. Die Öffnung der Grenzen in der EU leistet dazu ihren Beitrag und ermöglicht vielen mittel- und osteuropäischen Staaten eine bessere Anbindung an übriges Europa auszubauen.
Neben der Infrastruktur werden auch Arbeitsplätze geschaffen. Das ist ein großes Plus für die jeweilige Region, man denke dabei an die vielen verlorengegangenen Plätze in der Industrie infolge der Globalisierung. Bis jetzt waren die MOE-Staaten eher die Gewinner der Globalisierung, jedoch kann man ahnen, dass die Angleichung des Lebensniveaus an die EU-Standards auch für diese Länder nicht ohne Auswirkungen bleibt.
Ein großer Gewinn für jedes Land ist auch eine Image-Verbesserung, denn touristisch attraktive Gebiete ziehen auch Investoren in die Region. Nebenbei werden auch eine Belebung und eventuell sogar eine „Verjüngung" in der Bevölkerungsstruktur beobachtet, vor allem durch junge arbeitende und sich erholende Leute.
Neben vielen positiven Auswirkungen auf die Region hat aber auch Tourismus seine negativen Seiten. Es kann sogar dazu kommen, dass die Natur, die eigentlich eine Grundbedingung für den z.B. Erholungstourismus ist, durch den Massentourismus zerstört werden kann. Genauso wird oft die einheimische Kultur in ihrer Einzigartigkeit gefährdet, verliert ihren kulturellen Wert und wird wie eine Ware ver- und gekauft. Die Identität der Einheimischen leidet womöglich darunter. Es kommt auch vor, dass innerhalb eines Landes große Unterschiede zwischen Stadt und Land entstehen, vor allem durch den Stadttourismus, so dass touristisch attraktive Städte und auch touristisch genutzte Gebiete über eine sehr gute Infrastruktur verfügen, dabei werden andere Regionen   vernachlässigt. So entsteht eine Einseitigkeit in der Entwicklung der Infrastruktur des Landes und auch in der Wirtschaft, die vor allem in Zeiten der wirtschaftlichen Krisen, wenn Tourismus an Attraktivität verliert, eine Gefahr für das ganze Land darstellen kann. Es ist natürlich nicht tourismusspezifisch, sondern ist eine Folge von einseitiger Ausrichtung der Wirtschaft.
Weitere Auswirkungen könnten unter anderem soziale Problemfelder betreffen. Es wären zum Beispiel die Demonstrations-, Identifikations-, Imitations-, Akkulturationseffekte oder die Prostitution im Informellen Sektor.[1]
In dieser Arbeit wird es versucht, die aktuelle Entwicklung der touristischen Branche in den neuen MOE - Staaten und die vielseitigen räumlichen Auswirkungen des Tourismus am Beispiel von Polen darzustellen. „Polen ist mit 312.700 km² und 38,6 Mill. Einwohnern das größte der zehn EU-Beitrittsländer"[2] und hat ein großes touristisches Potenzial aufgrund abwechslungsreicher Naturgegebenheiten (Berge für den Kletter-, Wander- sowie Skitouristen; Seen zum Baden und Erholen; Wälder, Naturreservate zum Ausruhen; Flüsse; Wiesen für den Reiter-, Kajak-, Radsport), reicher multikultureller sowie religiöser

---

[1] Vgl. Eisenstein/Rosinski, S.806
[2] Ahlert: EU-Erweiterung, S.20

3

Geschichte des Landes. So hat die tausendjährige Geschichte der katholischen Religion ihre Spuren in Form der zahlreichen Klöster, Kirchen und Kapellen hinterlassen. Außerdem verfügt Polen über zahlreiche Kunstwerke, Denkmäler, historische Bauten wie Schlösser, Paläste, verschiedene Museen. Und nette Menschen, die Gastfreundschaft pflegen, ziehen immer mehr Touristen und Besucher ins Land.

Der Zeitraum von 1980 bis 2000 ist in Polen wie auch in anderen MOE – Ländern „von einem erheblichen Strukturwandel geprägt, der auf den politischen, wirtschaftlichen und technologischen Wandel zurückzuführen ist."[3] Deswegen habe ich versucht, auch den historischen Aspekt in meiner Arbeit zu beleuchten.

Leider findet man zu diesem Thema nicht genug aktuelle sowie geeignete Literatur. „Das statistische Datenmaterial zum Fremdenverkehr in Polen ist aufgrund häufiger Wechsel der Berechnungsgrundlagen für die Aufstellung von Zeitreihen nur schwer aufzubereiten."[4] Aus diesem Grund habe ich versucht, das neue Medium Internet stärker zu Rate zu ziehen und teilweise auch andere MOE-Länder in die Einschätzung mit einzubeziehen.

Das weitere Problem besteht in der starken Verflechtung und Schwierigkeit der Abgrenzung des Tourismus als Wirtschaftszweig von anderen Sektoren. Dazu kommt, dass gerade im Tourismus der Informelle Sektor eine sehr wichtige Rolle spielt und es ist sehr schwer, die Recherchen in diesem Bereich durchzuführen. Aus diesem Grund habe ich versucht, mich auf mehr oder weniger sichtbare Auswirkungen zu konzentrieren und die anderen weniger zu beleuchten oder gar außer Acht zu lassen.

2. Räumliche Auswirkungen des Tourismus in Polen

2.1. Der Tourismus in Polen hat eine lange Tradition. 1873 kann man als Beginn des Fremdenverkehrs in Polen bezeichnen. Zuerst ist er religiöser und kommerzieller Natur, mit der Gründung einer Tatragesellschaft erlebt Polen einen wirtschaftlichen Aufschwung. Die Tatraregion hat die ersten Touristen angelockt und Krakau ist zuerst nur ihr Ausgangspunkt. Im Nachhinein „wurde die Stadt selbst zum Brennpunkt des polnischen Bildungstourismus"[5], so auch Warschau ab 1906.

Erste Anzeichen des Massentourismus werden in der Zeit der Republik Polen bemerkbar. Am Anfang stehen Schul- und Jugendfahrten, erste Herbergen in Warschau und Krakau werden für diese Zielgruppen gebaut. Auch andere Städte holen diese Entwicklung nach.

Nach dem Krieg blieben 1945 nur 3800 Übernachtungsplätze erhalten. Aktivitäten der traditionellen touristischen Bewegungen tragen dazu bei, dass der Fremdenverkehr wieder eine immer größere Rolle spielt. Die zweite Welle des Tourismusbooms kann man etwa 20 Jahre nach dem Krieg ausmachen. Bis 1970 wird eine Steigerung der Übernachtungsplätze verzeichnet, wozu Urlaubsfond für Werktätige und Ferienheime (besonders 1960-1975 beliebt), aber auch betriebseigene Angebote der Firmen und Institutionen beigetragen haben.

Ab 1980 setzte ein rückläufiger Trend. Der Grund dafür war die extreme Abhängigkeit der touristischen Nachfrage von politischen Einflüssen, was zur Krise der Tourismusbranche führte.[6] „Als in den 1980er Jahren die Löhne stagnierten und die Rate der Hyperinflation immer höher lag, wurde immer weniger gereist. Diese kräftigen Nachfragerückgänge führten zum Abbau von Beherbergungskapazitäten."[7]

1989 wurde ein „Neuer Gesellschaftsvertrag" unterschrieben und kurz danach ein Programm zur marktwirtschaftlichen Reform vorgelegt.[8] Infolge dessen verzeichneten die Einreisezahlen

---

[3] Jedrzejczyk, S.569
[4] Pelzer, S.271
[5] Ebenda, S.270
[6] Vgl. Jedrzejczyk, S.569
[7] Ebenda
[8] Vgl. ebenda, S.569

seit Beginn der 90er Jahre einen beständigen Anstieg. Die wachsenden Besucherzahlen und Investitionen aus dem Ausland haben zur qualitativen Verbesserung und Erweiterung des touristischen Angebotes geführt.[9] „Infolge der dramatischen Entwicklung von Unternehmenszusammenbrüchen in der Tourismusbranche entstanden freie Kapazitäten, ging die Anzahl der Betriebe stark zurück und freie Kapazitäten wurden in artfremde Nutzungen übergeführt."[10] Außerdem entstand ein großer illegaler Teil der Privatwirtschaft.

Infolge der Stabilisierungspolitik, der Umsetzung einer „Strategie für Polen" und des Wirtschaftsprogramm 1994-1997 trat 1998 eine bemerkenswerte wirtschaftliche Entwicklung in Polen ein.[11]

1998-2001 wurden vier Reformen durchgeführt, die zu sozialen Spannungen führten. Ein solches Klima schreckte die ausländischen Gäste ab.[12] Deswegen war ab 2000 die Tendenz wieder rückläufig.

„Im Jahr 2003 nahm die Zahl der aus dem Ausland einreisenden Besucher wieder zu, jedoch lediglich um 2,7 % im Vergleich zum Vorjahr."[13] „Bei der Analyse der touristischen Einreisen im Jahre 2003 ist zu berücksichtigen, dass ab Oktober 2003 die Visumpflicht für die im Osten an Polen grenzenden Länder eingeführt wurde (in Zusammenhang mit dem EU-Beitritt Polens). Dies resultierte in einem starken Rückgang der Einreisen aus diesen Ländern."[14]

Eine aktuelle Entwicklung sind die Kurreisen. Vor allem deutsche Touristen kommen nach Polen zu einem Gesundheitsurlaub. „Im Jahr 2005 besuchten rund 5,7 Millionen Touristen aus Deutschland das Nachbarland Polen. Das bedeutet einen Zuwachs von rund zehn Prozent gegenüber dem Jahr zuvor. Damit kann Polen zum dritten Mal in Folge ein starkes Wachstum bei den Touristenzahlen aus Deutschland vermelden. Insgesamt stieg die Zahl der deutschen Gäste seit 2002 um fast ein Drittel."[15]

2003/2004 wurde „Lebuser Land" an der deutsch-polnischen Grenze zur Landschaft des Jahres gewählt. Die deutsch-polnische Kooperation wurde in der Grenzregion im Bereich des Tourismus bekräftigt.

Von UNESCO sind Krakow (1978), Warsaw (1980) und der Park Muzakowsi (2004) zum Weltkulturerbe erklärt.[16]

In Polen gibt es große Vielfalt ganz unterschiedlicher Landschaften, so dass es zu jeder Jahreszeit attraktive Angebote für Touristen gibt.

Zu den touristisch attraktiven Gebieten in Polen gehören Warschau, Krakau, Kolobrzeg (das ehemalige Kolberg), alte Hafen- und Hansestadt Danzig. Im Norden entlang der Seeküste und der Seelandschaft des Pommerschen Hinterlandes gibt es lange Sandstrände und Steilküsten. Im Süden bietet die Tatraregion, das höchste Gebirge Polens, Wander- und Wintersportmöglichkeiten. Auch die oberschlesischen Kurorte des Glatzer (Klodzko) Berglandes ziehen mit ihren Mineralquellen und dem Riesengebirge viele Besucher an.

---

[9] Vgl. Jedrzejczyk,S.569
[10] Ebenda, S.570
[11] Vgl. ebenda
[12] Vgl. ebenda
[13] Business in Polen 2004, S.180
[14] Ebenda
[15] Polen aktuell 2, S.1
[16] Portal Unesco

Domestic and outbound tourist trips in the first eight months of 2005 by visited voivodships (mill)
Source: monthly surveys by the Institute of Tourism
Note: total number of visits is greater than the number od trips, as some people visited more than one voivodship.

Quelle: http://www.intur.com.pl/itenglish/poles_05.htm

2.2. Die Tourismusbranche als Wirtschaftszweig ist nicht eindeutig definierbar und sehr schwer von anderen Branchen abzugrenzen, weil zum einen die Verflechtungen mit den anderen Wirtschaftssektoren (Primärsektor: Direktvermarktung agrarer Produkte, Vermietung von Flächen, Abzug von Arbeitskräften; Sekundärer Sektor: Verkehrsmittelproduktion, Bauindustrie; Tertiärer Sektor: Reisevermittler und –veranstalter, Fremdenverkehrsämter und -verbände sowie –organisationen u.ä.) sehr stark sind, zum anderen weil gerade in der Tourismusbranche der Informelle Sektor eine durchaus große Rolle spielt.[17] Neben direkten, oder primären Folgen der Tourismusbranche kann man auch sekundäre Effekte beobachten. Zu den direkten Effekten gehört z.b. das Entstehen von Arbeitsplätzen in den Erholungseinrichtungen. Weitere Arbeitsplätze werden während des Infrastrukturausbaus (Verkehr- und Bauwesen, Müllentsorgung, Krankenhaus- und stationäre Einrichtungen, Einkaufszentren usw.) der Region geschaffen, in Unterhaltungseinrichtungen, die es vielerorts in Tourismusgebieten gibt, Restaurants u.a. Auch regionale Handwerkerkunst erlebt oft einen Aufschwung und eine Wertsteigerung. Ferner lassen sich auch möglicherweise Arbeitsplätze zum Erhalten der Kulturschätze und Traditionen schaffen, so in Museen oder auch während spezieller Kulturfeiertage usw.
Die Auswirkungen vom Tourismus auf die Wirtschaft sind vielfältig und können nur schwer schematisch dargestellt werden. Hier ist eine Auswahl der Wirtschafts- und Arbeitsbereiche, zu denen Tourismus einen Bezugspunkt hat:

Selection of characteristic tourism industries
(refer to the TSA [TOURISM SATELLITE ACCOUNTS])

· 55 Hotels and restaurants, of which:
551 Hotels, camp sites and other commercial accommodation
552 Restaurants, bars and canteens
· 60 Land transport, of which:
601 Railways
602 Other land transport

---

[17] Vgl. Eisenstein/Rosinski, S.805-806

(6021 Other scheduled passenger land transport)
(6022 Other non-scheduled passenger land transport, including taxis)
· 61 Water transport, of which:
611 Sea and coastal water transport
612 Inland water transport
· 62 Air transport, of which:
621 Scheduled air transport
622 Non-scheduled air transport
· **6304 Travel agencies, tour operators and tour guides**

· **7711 Car rental**

· 92 Recreational, cultural and sporting facilities, of which:
921 Motion picture, radio, television and other entertainment activities
(9212 Motion picture projection)
(9214 Dramatic arts, music and other arts activities)
(9219 Other entertainment activities, n.e.c.)
923 Libraries, archives, museums and other cultural activities
(9232 Museum activities and preservation of historical sites and buildings)
(9233 Botanical and zoological gardens and nature reserves activities)
924 Sporting and other recreational activities
(9241 Sporting activities)

(9249 Other recreational activities)

· **Other tourism-related industries, *e.g.* retail of tourism commodities, financial services, etc.**
(see TSA)

Quelle: Measuring the Role of Tourism in OECD Economies, S.138

Die wirtschaftliche Bedeutung des Tourismus ergibt sich vor allem daraus, „dass in einem bestimmten Gebiet oder Land durch den vorübergehenden Aufenthalt ortsfremder Personen aus dem In- und Ausland ein Mehr an Nachfrage, Beschäftigung und Einkommen entsteht."[18] „Aus wirtschaftlicher Sicht stehen zum einen die Wirkung des Tourismus auf die Zahlungsbilanz und zum anderen der Tourismus als eigener Wirtschaftszweig mit seinen Beschäftigungs-, Einkommens-, Wertschöpfungs- und Ausgleichseffekten im Mittelpunkt der Betrachtung."[19] „Die direkten Primärumsätze aus der touristischen Nachfrage führen zu wirtschaftlichen Impulsen in vielen weiteren Wirtschaftszweigen (Multiplikatoreneffekte). Bei der Quantifizierung dieser zusätzlichen Nachfrage nach Sachgütern und Dienstleistungen wird zwischen der indirekten und induzierten Nachfrage unterschieden."[20] Die indirekte Nachfrage ist dabei die Vorleistung an Gütern und Dienstleistungen durch die touristischen Anbieter. Die induzierte Nachfrage ist die gesteigerte Kaufkraft der Bevölkerung, die aus den Tourismusumsätzen resultiert und zu einer größeren Konsumnachfrage führt.[21]
In Polen war im Zeitraum 1999 bis 2003 eine positive Wirtschaftsentwicklung (+2,6%) zu verzeichnen. Im Das Wachstum vom Bruttoinlandsprodukt 2003 um 3,8 % verdankte Polen dem produzierenden Gewerbe und hohen Exportraten. 2003 beteiligte sich der Tourismus nach Einschätzung des WTTC am polnischen Bruttoinlandsprodukt (direkte Wertschöpfung) mit ca. 2%. (Im Vergleich dazu waren es 2000 in Deutschland ca. 5%, jedoch wird hier der gesamtwirtschaftliche Produktionswert zusammengefasst[22]). Im Zeitraum zwischen 1999 bis 2003 war ein leichter Rückgang des jährlichen Wachstums in Höhe von ca. -1,8% ermittelt.[23]
Als Ursache nennt Ahlert den tief greifenden ökonomischen Transformationsprozess.
2.2.1. Da im Tourismus der Informelle Sektor eine wichtige Rolle spielt, ist es sehr schwer, die wirkliche Zahl der Beschäftigten zu ermitteln. Zudem kommt noch, dass in meisten

---

[18] Eisenstein/Rosinski, S.807
[19] Ebenda, S.805
[20] Ebenda, S.806
[21] Vgl. ebenda
[22] Vgl. Ahlert: Die volkswirtschaftliche Bedeutung des Tourismus,S.11
[23] Vgl. Ahlert: EU-Erweiterung, S.23

Gebieten Tourismus nur eine saisonale Beschäftigung bietet, so dass sich auf diesem Gebiet eine starke Fluktuation ergibt. Meistens kann man in touristisch attraktiven Gebieten durch die zuziehenden Arbeitskräfte eine Verjungung der Bevölkerung beobachten. Durch den eventuell stattfindenden Preisanstieg kann sich auch die soziale Struktur der ansässigen Bevölkerung ändern.

Wenn man von der Berechnung des Tourismusanteils am Bruttoinlandsprodukt ausgeht, kann man ein Beschäftigungseffekt ableiten.[24] Jedoch muss man nicht außer Acht lassen, dass es gerade in Polen bei relativ niedrigem Anteil am Bruttoinlandsprodukt in der Landwirtschaft zahlenmäßig sehr viele Personen beschäftigt sind. So hatte 2003 z.b. die Landwirtschaft einen Erwerbstätigenanteil von 18% (nach Angaben vom SBD - 19,3%), ihre Bruttowertschöpfung lag lediglich bei 3,2%. Dagegen war der Wertschöpfungsanteil des Dienstleistungssektors mehr als 66%.[25]

„Zur qualitativen Beurteilung des Beschäftigungseffektes werden teilweise die Kapitalintensität und die Arbeitsplatz-/Hotelbetten-Relation als Kennzahlen herangezogen: Die Kapitalintensität, definiert als Investitionskosten pro direkten Arbeitsplatz, ist ein entscheidendes Kriterium zur Förderungswürdigkeit des Tourismussektors."[26] „Zur Berechnung der gesamten Beschäftigungswirkung des Tourismus eignet sich dieses Konzept allerdings kaum, da die Beschäftigungseffekte außerhalb des Beherbergungswesens vernachlässigt werden."[27]

Die mögliche Beschäftigung aufgrund vom Tourismus und den Zusammenspiel verschiedener Faktoren am Arbeitsmarkt kann man anhand der folgenden Tabelle nachvollziehen:

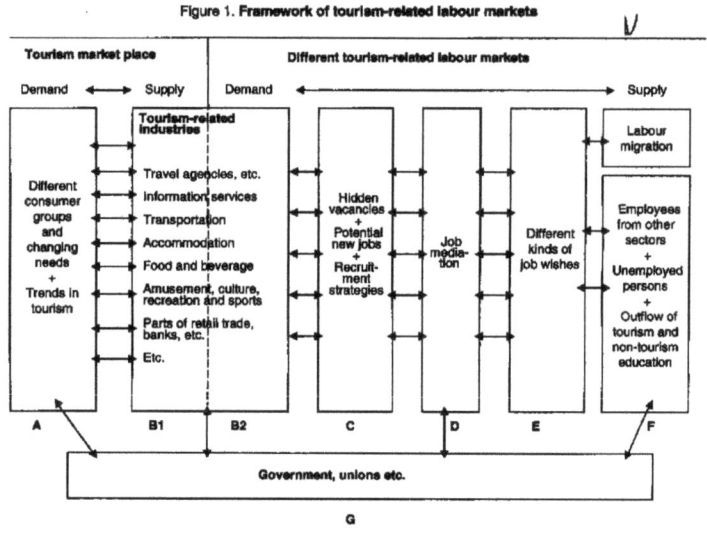

Figure 1. Framework of tourism-related labour markets

Quelle: Measuring the Role of Tourism in OECD Economies, S.130

„Im Sparhaushalt für 2002 wurde mit einem Defizit von mehreren Mrd. Poln. Zloty gerechnet, verursacht durch das Missverständnis von sinkenden Staatseinnahmen und hohen

[24] Vgl. Eisenstein/Rosinski, S.809
[25] Vgl. Ahlert: EU-Erweiterung, S.23
[26] Eisenstein/Rosinski, S.809
[27] Ebenda, SS.809-810

Ausgaben. Es wird erwartet, dass sich in dieser Entwicklungsphase die Arbeitsmarktsituation weiter verschlechtern wird."[28] In der Tat stieg die Zahl der Arbeitslosen von 17,5% 2002 auf 19,2% 2003. „Am Arbeitsmarkt hat sich [2003] die insgesamt positive Entwicklung mit einer Arbeitslosenquote von 19,2% noch nicht wirklich niedergeschlagen und ist das Ergebnis eines gravierenden sektoralen Transformationsprozesses."[29] Mit 17,7% Arbeitslosen im Jahr 2005 war der positive Trend auch am Arbeitsmarkt zu sehen.

Über die Lohnentwicklung schreiben Radziwiłł und Walewski Folgendes: "Slovakia, Lithuania and Poland have unit labour market costs that are the most responsive to unemployment changes; however we know that adjustments took place through very different channels. Flexibility in Slovakia depended predominantly on inflation surprise, while in Poland mainly on productivity growth accelerations. Lithuania adjusted through nominal wages. On contrary, labour markets in Czech Republic, Hungary and Latvia seem to be inflexible."[30]

2.2.2. In Polen leben noch relativ viele Leute auf dem Land oder im vorstädtischen Raum. Tourismus gibt vor allem ländlicher Bevölkerung eine Möglichkeit des Verdienstes ohne Ortswechsel, vorausgesetzt ihre Region wird zu einem attraktiven Urlaubsziel.

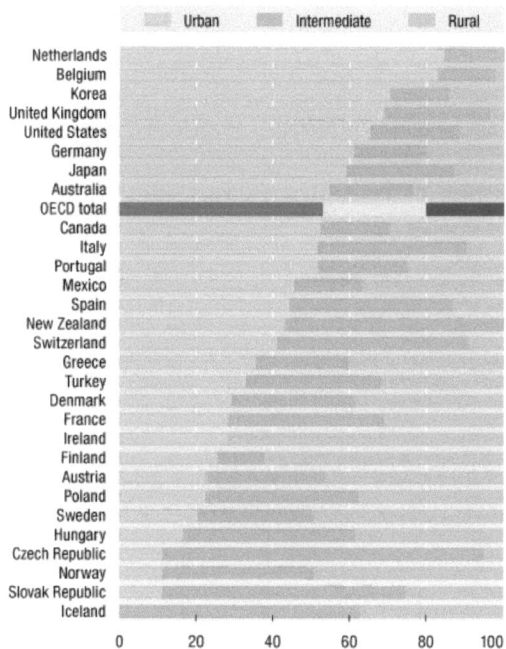

Verteilung der Bevölkerung auf Städte und ländliche Gebiete

Quelle: http://miranda.sourceoecd.org/vl=6704321/cl=18/nw=1/rpsv/factbook/01-01-02-g01c.htm

---

[28] Jedrzejczyk, S.570
[29] Ahlert: EU-Erweiterung, S.23
[30] Radziwiłł/Walewski, S.11

9

Infolge der Popularisierung des Urlaubsortes und der meist positiven Veränderung des Arbeitsmarktes in der Region entstehen Bevölkerungsbewegungen innerhalb eines Landes. Öfters wird eine saisonale Beschäftigung am Urlaubsort vorgezogen. Vor allem junge Leute, z.B. Studenten, suchen sich oft einen solchen Ferienjob. Außerdem entscheiden sich Arbeitslose aus anderen Gebieten des Landes, ihr Glück dort zu probieren. In der Haupt- und Nebensaison gibt es eine große Anzahl an Pendlern; viele ziehen auch komplett in die Region um.

2.2.3. Das Land kann durch den Tourismus zu den Devisen kommen. Jedoch ist nicht zu vergessen, dass vieles wieder abfließen kann, insbesondere wenn man zum Ausbau des touristischen Angebotes Sachgüter aus dem Ausland bestellt. Ein Teil der Summe bleibt eventuell auch den Reiseveranstaltern im Herkunftsland der Touristen oder fließt wieder ab als Bezahlung für Unterhaltungskünstler wie Sänger u.a., die aus dem Ausland kommen. Die Zusammensetzung der Deviseneinnahmen schwankt ständig (siehe Tabelle). Während es im Zeitraum von 1994 bis 2000 die Ausgaben der Tagesbesucher prozentuell höher lagen, hat sich die Struktur in den Jahren von 2000 bis 2003 deutlich verändert und die Ausgaben von den Touristen größer wurden als die von den Tagesbesuchern.[31]

Deviseneinnahmen 1994-2000 in Mrd. USD

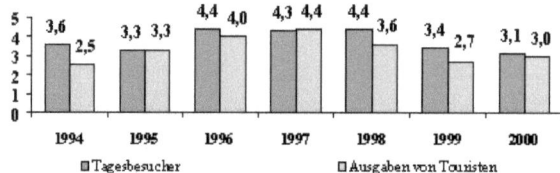

Quelle: http://www.export-import.pl/pages/guide/de/11TouPol.HTML

Deutschland ist wegen der räumlichen Nähe einer der wichtigsten touristischen Märkte für Polen.

2.2.4. Die allgemeine Situation der Preisbildung in Polen hing sehr stark mit EU-Beitritt zusammen. 2003 lag die Inflationsrate lediglich bei 0,7%. „Infolge des EU-Beitritts ist es aber zu einem spürbaren Inflationsschub gekommen."[32] Für 2004 wurde mit einem Inflationsanstieg auf 3,4% gerechnet, tatsächlich lag er nach Daten vom Statistischen Bundesamt Deutschland bei 3,6% und 2005 bei 2,2%.
Der aktuelle Anstieg der Preise (in Warschau) ist der Tabelle zu entnehmen. Dabei führt der Energiesektor, gefolgt von den Wohnhäusern, dem Tabak, alkoholischen Getränken sowie dem Transport. Um 1,7 Prozent sind auch die Preise in Restaurants und Hotels im Vergleich zum Vorjahr gestiegen.

---

[31] Vgl. Business in Polen 2004, S.182
[32] Ahlert: EU-Erweiterung, S.23

Price indices of consumer goods and services in February 2006 (Warsaw, 15th March 2006)

Specification	January 2006*	February 2006			Jan.-Feb.2006	
	January 2005 = 100	December 2005 = 100	February 2005 = 100	December 2005 = 100	January 2006 = 100	Jan.-Feb. 2005 = 100
Total	100.6	100.2	100.7	100.2	100.0	100.6
Food, non-alcoholic and alcoholic beverages, tobacco	99.7	100.3	100.3	100.5	100.2	100.0
Food and non-alcoholic beverages	99.1	100.3	99.8	100.6	100.3	99.5
Alcoholic beverages, tobacco	102.7	100.1	102.5	100.0	99.9	102.6
Clothing and footwear	93.6	98.1	93.2	96.1	98.0	93.4
Dwelling	103.2	101.3	103.2	101.4	100.1	103.2
Housing, water, electricity, gas and other fuels	103.9	101.6	103.9	101.7	100.2	103.9
of which electricity, gas and other fuels	105.3	102.4	105.4	102.5	100.1	105.3
Furnishings, household equipment and routine maintenance of the house	100.3	100.1	100.2	100.1	100.0	100.2
Health	101.6	100.2	101.7	100.3	100.2	101.6
Transport	102.3	98.3	101.6	98.1	99.8	102.0
of which fuels for personal transport equipment	106.4	96.6	104.6	95.6	99.0	105.5
Communication	98.7	100.0	98.7	100.0	100.0	98.7
Recreation and culture	98.6	99.8	98.7	99.9	100.1	98.6
Education	101.7	100.2	101.7	100.2	100.0	101.7
Restaurants and hotels	101.7	100.1	101.6	100.2	100.1	101.6
Miscellaneous goods and services	99.6	99.5	99.6	99.6	100.0	99.6

* Presented data have changed after introducing the annually updated weight system which is based on the structure of households' expenditure (excluding own consumption) from the year preceding the one under the survey.

Quelle: http://www.stat.gov.pl/english/wyniki_wstepne/inflacja/2006/february.htm

In der Regel wirkt sich die touristische Nachfrage immer auf die Preise aus, jedoch in lokalem Maßstab. Laut „Polen aktuell" sind besonders die Kurreisen teuer geworden: „Der positive Trend hält 2006 trotz heftiger Preissteigerungen in Polen an."[33] Vor allem aufgrund noch höherer Ausgaben in anderen Ländern kann Polen immerhin viele Gäste verbuchen. So kostet ein Doppelzimmer in einem 5-Sterne-Hotel in Krakau 165 Euro, die Luxussuite – 410 Euro.[34] In Prag kostet ein Zimmer im 5-Sterne-Hotel rund 300 Euro, mit Rabatt ab 179 Euro.[35] „Polen ist für die tschechischen Kurorte zur schärfsten Konkurrenz geworden, besonders aufgrund der Preise, die in Tschechien deutlich höher sind."[36]

---

[33] Polen aktuell 1, S.2
[34] Vgl. Polen aktuell 1, S.2
[35] Vgl. http://www.booking.com/searchresults.html?city=-553173
[36] Polen aktuell 1, S.2

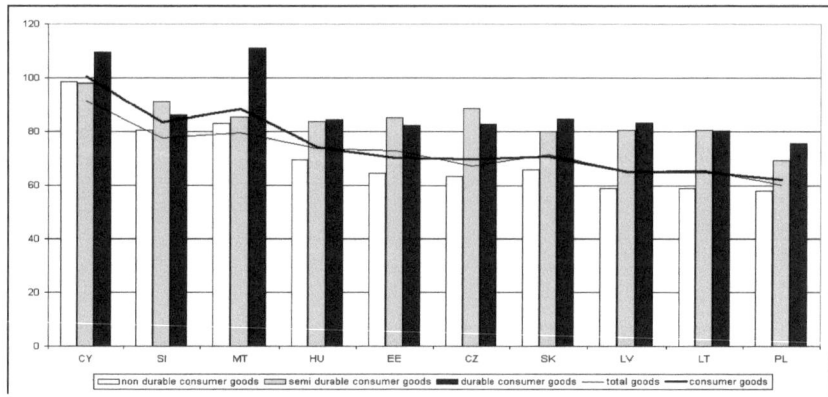

Comparative price levels of goods and their subcategories, 2004

Eurostat; for all categories the respective euro area average marks 100.

Quelle: http://www.euroframe.org/fileadmin/user_upload/euroframe/efn/spring2006/EFN_Spring06_App_KLPW.pdf

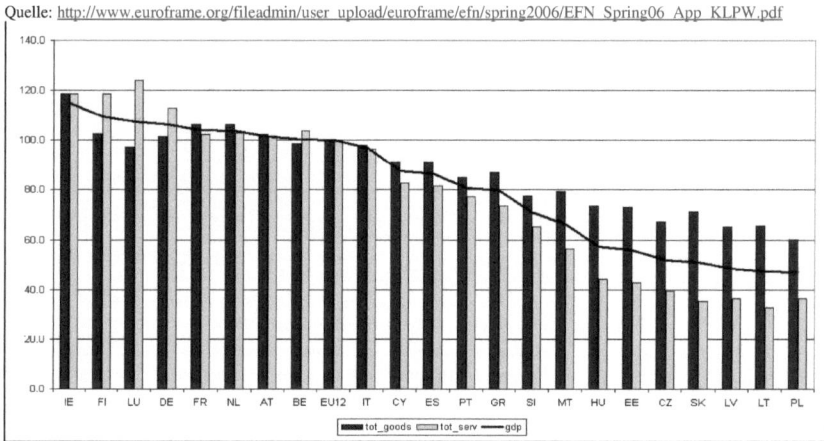

Relative price level of GDP, total goods and total services, 2004
Eurostat; for all categories the respective euro area average marks 100.

Quelle: http://www.euroframe.org/fileadmin/user_upload/euroframe/efn/spring2006/EFN_Spring06_App_KLPW.pdf

Der Preisanstieg an sich ist eine Hinderung für Tourismuswirtschaft. Neben der Qualität der Behandlung, guter Erreichbarkeit und Unterbringung achtet der Urlauber auf die Kosten. Man merkt, „dass der Kunde nicht mehr bereit ist, jeden Preis zu akzeptieren. Der deutsche Kurgast versteht es nicht, wenn er von einem Jahr aufs nächste 15 Prozent mehr bezahlen soll."[37]

2.3. Die Infrastruktur des Landes profitiert vom Tourismus. Die Gefahr liegt jedoch in einem einseitigen Ausbau und Ausrichtung der Wirtschaft. Momentan bedarf es noch Verbesserungen in diesem Bereich. So z.B. ein Reisedienstveranstalter: „Bestimmte Regionen in Polen sind nicht so gut zu erreichen wie die Ostseeküste. Unserer Zielgruppe [deutsche

---

[37] Polen aktuell 1, S.2

Touristen zwischen 60 und 90 Jahren] wollen wir nicht zumuten, dass sie acht bis zehn Stunden durch die Gegend gefahren werden. Hinzu kommt, dass viele Einrichtungen noch nicht dem Standard entsprechen, bzw. noch in Entwicklung sind."[38] Damit man Touristen ins Land locken könnte, sollte man die infrastrukturelle Änderungen und Verschönerungen vornehmen. Das betrifft sowohl die Wege, wie man ins Land kommt und sich im Land weiterbewegen kann, als auch Unterbringung, Verpflegung, vielseitiges Unterhaltungsangebot in der Urlaubsregion, nicht zuletzt die medizinische Versorgung und die Einkaufsmöglichkeiten. Es kann von der Landesregierung ausgehen, aber auch von Privatpersonen. Es kann einerseits eine gesteuerte Entwicklung sein, andererseits eine spontane. Meiner Meinung nach sind immer beide Elemente im Spiel zugleich. Die Verbesserungen geschehen natürlich nicht nur für diese Zwecke, meistens spielen viele Faktoren mit. Es ist jedoch unbestritten, dass der Zusammenhang zwischen dem Tourismus und dem Infrastrukturausbau, welcher Art auch immer, existiert.

2.3.1. Polen verfügt über ein weit verzweigtes Straßennetz. Wie man auf der Karte erkennen kann, ist die Straßenvernetzung auch relativ gleichmäßig auf das ganze Polen verteilt. Jedoch verfügen die ländlichen Regionen über weniger Autobahnanschlüsse als die großen Städte. Der Zustand der Hauptverbindungsstraßen ist jedoch überwiegend gut.

Das Autobahnnetz in Polen befindet sich noch im Ausbau. Zu den neueren Strecken gehört der Abschnitt der A 4 zwischen Wroclaw/Breslau und Gliwice/Gleiwitz sowie der A2 zwischen Nowy Tomysl und Poznan. Gebührenpflichtig sind die Abschnitte auf der A 4 zwischen Katowice/Kattowitz und Kraków/Krakau sowie auf der A 2 zwischen Nowy Tomysl und Konin. Im Rahmen der EU haben besonders ländliche Gebiete eine Chance auf eine bessere Anbindung und Ausbau ihrer Infrastruktur erhalten.

Quelle: http://www.poland.gov.pl/gallery/serwis/polska_drogowa_d_879.jpg

---

[38] Ebenda

13

Für die touristischen Ziele ist eine gute Erreichbarkeit sehr wichtig. Dazu können unter anderem die Angebote der Billigflieger beitragen. Unter anderen bieten Wizz Air, Lot, Germanwings, Centralwings und neue polnische Fluglinie Direct Fly Billigflüge ab Deutschland u.a. nach Polen. Bessere Erschließung und Anbindung der Kurorte durch die Billigflieger macht Polen interessanter besonders für (ältere) Westeuropäer. Auch die Reiseveranstalter versuchen, die Mängel der Anbindungen zu beheben. So z.B. Medikur-Chef Rainer Löwenberg: „Wir werden stärker Flugverbindungen nach Polen, zum Beispiel nach Krakau, nutzen und bemühen uns auch um einen Streckenaufbau nach Goleniów bei Stettin."[39] „Der Veranstalter bietet Anreisenden mit Zug und Flugzeug den Transfer von Warschau zum Urlaubsziel und zurück."[40] Außerdem versuchen die Flug- und Reisegesellschaften ihre Präsenz im Internet zu verbessern und Angebote zu koppeln.[41]

2.3.2. Zwischen 1999 und 2003 entwickelte sich die Zahl der Übernachtungen im Inlandsverkehr mit -7,1% pro Jahr rückläufig.[42] Auch der Einreiseverkehr hat sich ähnlich rückläufig entwickelt wie der Binnenreiseverkehr.[43] Im gleichen Zeitraum nahm die Anzahl der vermarkteten Zimmer laut WTO um jahresdurchschnittliche 3,5% zu.[44] „Dieses lässt sich damit erklären, dass sich primär die Übernachtungszahlen außerhalb der erwerbswirtschaftlichen Beherbergungseinrichtungen rückläufig entwickelt haben."[45]

---

[39] Polen aktuell 1, S.2
[40] Polen aktuell 3, S.3
[41] Vgl. ebenda, S.1
[42] Vgl. Ahlert: EU-Erweiterung, S.21
[43] Vgl. Ahlert: EU-Erweiterung, S.22
[44] Vgl. ebenda, S.23
[45] Ebenda, S.21

NUMBER OF ESTABLISHMENTS - ALL ACCOMMODATION ESTABLISHMENTS

	1999	2000	2001	2002	2003
TOTAL	13 547	8 626	8 686	7 948	7 116
COLLECTIVE TOURISM ESTABLISHMENTS	8 302	7 818	7 613	7 050	7 116
HOTELS AND SIMILAR ESTABLISHMENTS	1 536	1 449	1 391	1 478	1 547
HOTELS	1 037	1 040	1 084	1 191	1 287
5 stars	1	6	6	6	8
4 stars	36	40	39	45	51
3 stars	331	333	343	354	380
2 stars	263	285	315	310	367
1 star	276	260	263	197	177
Unclassified hotels				159	172
Motels	130	116	118	120	132
SIMILAR ESTABLISHMENTS	499	409	307	287	260
Boarding houses	499	409	307	287	260
SPECIALIZED ESTABLISHMENTS	716	720	710	701	718
Spas	146	140	130	125	127
Mountain huts and shelters	89	83	80	66	66
All conference centers	481	497	500	510	525
OTHER COLLECTIVE ESTABLISHMENTS	6 050	5 649	5 512	4 871	4 851
Bungalows	539	514	439	394	367
Camping sites	224	171	175	149	139
Bivouacs, tent camp sites.	427	339	300	267	280
Youth hostels	510	457	427	415	388
Tourist hostels	201	179	146	123	103
Guest houses for artists, writers, etc.	50	56	52	48	48
Holiday centres	2 293	2 079	1 886	1 701	1 625
Halls/school dormitories	266	245	218	194	191
Weekend recreation centres	99	90	79	72	67
Others unclassified	1 441	1 519	1 790	1 508	1 643
PRIVATE TOURISM ACCOMMODATION	5 245	808	1 073	898	0
Rented villas/flats	5 245	808	1 073	898	not collected

Quelle: http://www.intur.com.pl/itenglish/pdfs/accomm2003.pdf

Bei der Qualität der Übernachtungsangebote hat Polen stark nachgeholt. Während die gesamte Anzahl der Übernachtungsmöglichkeiten von 1999 bis 2003 fast halbiert war (von 13 547 auf 7 116), stieg im gleichen Zeitraum die Zahl der 2-5-Sterne Hotels; Tendenz weiter steigend.

So wurde am 17. Mai 2006 ein neues 5-Sterne-Hotel „Hotel Stary" in Krakau mit 53 Zimmern (darunter neben Doppelzimmern wird es insgesamt 11 Suiten geben, von denen 3 Luxussuiten sind); zwei Konferenzräumen, einem Restaurant, einem Bar mit Terrasse im 6.Stockwerk, zwei Swimmingpools, einem Fitnessraum und einer Salzgrotte eröffnet. Bereits vor der Eröffnung war dieses Hotel schon weitgehend (bis Oktober) ausgebucht.[46]

Im Juli 2006 wurde auch ein 4-Sterne-Hotel „Schloss Ryn" eröffnet. Es befindet sich im zweitgrößten Kreuzritterschloss Europas aus dem 14. Jahrhundert und verfügt über 150 Zimmer und unter anderem auch 5 Königssuiten. Es kann insgesamt 300 Personen aufnehmen.[47]

---

[46] Vgl. Polen aktuell 3, S.2
[47] Vgl. ebenda, S.3

Klub Plaża 2 mit 30 Zimmern „bietet komfortable Appartements für zwei bis sechs Personen, Swimmingpool, Jacuzzi, Sauna sowie ein großes Gesundheits- und Schönheitsstudio."[48] Campingplätze, Bungalows, Jugendherberge sowie Privatquartiere haben weitgehend an Bedeutung verloren. Die Bettenzahl variiert in verschiedenen Statistiken. Laut Hauptamt für Statistik in Polen gab es 2002 „insgesamt 7.050 Beherbergungsstätten mit mehr als 600.000 Betten, inkl. 1.071 Hotels mit einer Bettenkapazität von insgesamt 109.000."[49] Laut WTO wurden 2003 „insgesamt 65.588 Zimmer in Hotels und sonstigen Beherbergungsbetrieben angeboten. Ihre Auslastung lag bei knapp 36%, wobei die durchschnittliche Aufenthaltsdauer der Beherbergungsgäste bei gut 3 Übernachtungen gelegen hat."[50]

Hotels und Hotelzimmer 2001-2002

	Hotels		Hotelzimmer	
	2001	2002	2001	2002
Insgesamt	966	1071	97 940	109 293
*****	6	6	2 091	2 428
****	39	44	10 461	11 421
***	343	355	43 331	45 245
**	315	310	24 700	25 546
*	263	197	17 357	13 774

Hauptamt für Statistik, 2003
Quelle: Business in Polen, S.184 unter http://www.wirtschaft-polen.de/de/pdf/unido_polen2004de.pdf

Für Kurreisen sahen die Veranstalter im Jahr 2006 ein Überangebot. „Jetzt wandeln sich immer mehr Hotels zu Kureinrichtungen, um die Nebensaison besser auszunutzen. Dadurch entsteht ein Überangebot an Betten, das sich jetzt schon rächt. Wir sehen Veranstalter, die ganze Kontingente zurückgeben müssen."[51] Der Bedarf besteht noch vor allem in der qualitativen Verbesserung der ganzen Angebote. „Viele polnische Kurorte sind Ende des 19.Jahrhunderts entstanden. Damals flanierte man gerne vom Unterkunftsgebäude zum Anwendungsgebäude. Heute wollen die Gäste möglichst alles in einem Haus haben. Die Tschechen haben darauf in vergangenen Jahrzehnten reagiert; in Polen gibt es das noch nicht überall."[52] Das wird sich höchstwahrscheinlich bald ändern. „ Neu eröffnet hat in Kamień Śląski/Groß Stein das Touristische Erholungs- und Rehabilitationszentrum der Oppelner Caritas „Sebastianeum Silesiacum. [...]Das Programm umfasst ganzjährige Kureinheiten zu je 6, 12 und 15 Tagen. Schwerpunkt ist die Behandlung von Herz-Kreislauferkrankungen sowie Erkrankungen des Bewegungsapparates anhand des Kneippverfahrens. [...] Ein weiterer Schwerpunkt des Hauses ist die Hippotherapie."[53]

---

[48] Ebenda
[49] Business in Polen, S.184
[50] Ahlert: EU-Erweiterung, S.23
[51] Polen aktuell 1, S.2
[52] Ebenda
[53] Polen aktuell 3, S.3

2.3.3. Unter anderem profitiert eine touristische Region von der Vielfalt der Einkaufsmöglichkeiten. Außer großer moderner Einkaufscenters entsteht oft eine Reihe der kleinen Läden, Restaurants, verschiedener Establishments, Kioske u.v.m. Auch hier ist der Informelle Sektor stark beteiligt. Große Anzahl an Einzelhändlern, Verkäufern am Strand, Kleinwarenhändler u.ä. präsentiert sowohl einheimische als auch ausländische Waren den Urlaubern. Je höher die Popularität des Ortes, desto größer ist meist das entsprechende Angebot.

Zahlreiche Einkaufsmöglichkeiten in einem touristischen Gebiet sind sehr wichtig. Zum einen wegen der Touristen, die vielleicht selbständig reisen oder nur eine Halbpension gebucht haben, zum anderen wegen des Personals. Touristen bringen Geld in die Region mit und es ist ein lukratives Geschäft, wenn das touristische Ziel populär wird. Solange noch die Bodenpreise günstig sind, versuchen verschiedene Handelsketten und auch Einzelhändler einen guten Platz für ihr Geschäft zu finden.

2.3.4. Für die Handwerker spielt Tourismus eine bedeutende Rolle zunächst mal bei der Existenzsicherung und möglicherweise bietet ihnen eine lukrative Beschäftigung. Das trifft zu, wenn es z.B. um die nationale Handwerkskunst geht, die von den Urlaubern wegen seines kulturellen Wertes, Originalität und Einzigartigkeit meist sehr geschätzt wird. Erhalt der handwerklichen Fertigkeiten in manchen Regionen in unserer hochtechnisierten Zeit ist oft nur dem Tourismus zu verdanken. Ein Souvenir vom Urlaubsort als Schnitzerei, Klöppeln u.a. ist sehr beliebtes Mitbringsel, zumeist es einen persönlicheren Charakter hat als eine Postkarte (auch wenn es massenhaft am Urlaubsort produziert wird). Je einzigartiger das Werk, desto besseren Eindruck erzeugt es. Umso verständlicher ist es, dass gerade in touristisch beliebten Regionen die handwerklichen Fertigkeiten tradiert und kulturelle Besonderheiten gepflegt werden.

2.3.5. Für jeden Urlauber ist eine gute medizinische Versorgung meist nur dann von Belang, wenn schon etwas passiert ist. Dennoch richten sich viele Touristen bei der Wahl ihres Urlaubsortes danach, ob es dort notfalls eine schnelle, gute und kompetente medizinische Hilfe geleistet werden kann. Das ist besonders in den Regionen wichtig, wo es eher solche Unglücksfälle passieren. Aber auch ein ganz gewöhnlicher Urlaub ohne extreme Sportarten und Extremsituationen ist nicht ganz ungefährlich. Selbst diese Nahrungsmittel können schon zu einer Verdauungsstörung oder schlimmer zu einer Vergiftung führen und dann ist man auf die Hilfe eines Arztes angewiesen. Aus diesen Gründen gewinnt ein touristisches Ziel Pluspunkte, wenn es dort in ausreichender Zahl naheliegende und gut erreichbare, mit einem guten Fachpersonal besetzte Krankenhäuser, Kliniken, Facharztpraxen u.ä. zur Verfügung stehen.

Einen zentralen Stellenwert nimmt medizinische Versorgung während der Kurreisen, insbesondere bei älteren Patienten oder kleinen Kindern u.a. Wenn einheimische Ärzte über Fremdsprachkenntnisse verfügen, ist es ein großes Plus für diesen Urlaubsort (bei dem Hotel- und Bedingungspersonal gilt das normalerweise als selbstverständlich). Insofern kann man vermuten, dass eine wirtschaftlich erfolgreiche touristische Region auch zur weiterführenden Bildung der Bevölkerung beitragen kann.

2.3.6. Natürlich sollten keine Unterhaltungsangebote am Urlaubsort fehlen. Vor allem für Touristen gedacht, locken die entstandenen Establishments unter anderem einheimische Bevölkerung und Mitarbeiter an. Viele Unterhaltungscenters entstehen in direkter Nachbarschaft zu den Hotels. „Den Klub Plaza in Darłowo/Rügenwalde an der polnischen Ostsee gibt es ab 1. Mai 2006 gleich zweimal. Unweit vom Hauptgebäude des Kur- und Erholungszentrums entstand die Anlage Klub Plaza 2 mit 30 Zweibettzimmern der Luxusklasse. Der Bau ist mit den Hauptgebäuden durch einen Shuttle-Bus verbunden. [...] Berühmt ist der Klub für seine Schenke der singenden Kellner und Köche. Die 30 singenden und tanzenden Servicekräfte sind schon in verschiedenen Fernsehsendungen sowie bei

Gesangswettbewerben aufgetreten."[54] „Im ehemals größten Industriekomplex von Łódź, dem Poznański-Fabrikgelände, wird [...] im Mai 2006 [...] ein Kultur-, Freizeit und Handelszentrum eröffnet. Die „Manufaktura" soll tagtäglich bis zu einer Viertelmillion Besucher anziehen. Neben einem Hotelkomplex, einem Freizeitzentrum und vier Museen laden über 250 Geschäfte und Boutiquen zum Bummeln und Kaufen ein."[55] Unter anderem werden Open-Air-Veranstaltungen, Konzerte, Musikfestivals veranstaltet. „In Gdynia findet eines der größten Sommerfestivals statt. Hier die berühmte Steilküste bei Orłowo."[56] „Seit 2002 findet [in Łódz] jährlich das ‚Festival des Dialoges der vier Kulturen' statt. Mit ihm will man an die multikulturelle, polnisch-russisch-deutschjüdische Vergangenheit der Stadt anknüpfen."[57] Zu den neueren Unterhaltungsangeboten zählt auch der vor zwei Jahren entstandene Dino-Park bei Bałtów. Es ist ein großer Freizeit- und Informationszentrum.[58] Im Sommer soll derzeit Polens erster Erlebnispark eröffnen. Auf der Wyspa Opatowicka/ Ottwitzer Werder in Wrocław wird „nach französischem Vorbild ein „Affenhain" mit Seilen, Plattformen und Netzen" gebaut.[59] Zum dritten Mal findet die Rallye in Polen statt (vom Dachverband FICC in Zusammenarbeit mit der Polnischen Camping- und Caravaningföderation organisiert).[60]

2.4. Tourismus kann man auch als kulturellen Faktor betrachten, denn es sind die Menschen, die in ein fremdes Land gehen und sich und sein Land dort repräsentieren, auch wenn sie es gar nicht wahrhaben möchten. Und sie üben einen Einfluss auf die Kultur der „Gastregion" und natürlich auf ihre Umwelt. Wie dieser Einfluss eingeschätzt wird, hängt von vielen Faktoren ab, unter anderem sind es Bildung der befragten Person, aber auch die Zahl der Besucher.
2.4.1. Die Wirkung des Tourismus auf den Umweltzustand der Region kann eventuelle Landschaftszerschneidungen, Bodenversiegelung, Wasserverbrauch und die Müllproblematik mit beinhalten.
Landschaftszerschneidungen entstehen unter anderem durch den Ausbau der Straßennetze, den Bau von zahlreichen Hotels am Urlaubsort. Multinationale Einsiedler bauen sich ein Haus oder gar ein Feriendomizil. In Polen hat sich die Situation noch nicht soweit entwickelt wie z.B. in Spanien, jedoch kann man dort entsprechende Veränderungen von den räumlichen Strukturen wahrnehmen.
Bodenversiegelung tritt nicht nur planmäßig beim Straßenbau vor, sondern auch bei der Errichtung von Skipisten usw. Die Felsen werden gesprengt, Landschaft umgestaltet. Es entsteht eine neue Kulturlandschaft, die nach Jahren der touristischen Nutzung nicht mehr so viel mit der Ursprungslandschaft zusammen hat. Polen hat eine Chance, den Tourismus mit dem Umweltschutz zu vereinbaren.
Die Wasserversorgung beansprucht das Grundwasser sowie Flüsse, die oft durch viele Staaten ihren Weg nehmen. Der schonende Wasserverbrauch gewinnt immer mehr an Aktualität.
Nicht zuletzt muss eine effiziente Abfallentsorgung organisiert werden. An einem Urlaubsort wird viel Müll produziert. Es entsteht die Notwendigkeit der schnellen Müllbeseitigung, damit der Ferienort weiterhin attraktiv bleibt. Außerdem ist es im Rahmen des Umweltschutzes ratsam, für Urlauber bestimmte Wege möglichst schonend für die Natur des Gebietes zu planen.

---

[54] Polen aktuell 3, S.3
[55] Polen aktuell 2, S.4
[56] Polen aktuell 3, S.4
[57] Polen aktuell 2, S.4
[58] Vgl. Polen aktuell 2, S.1,4
[59] Ebenda, S.4
[60] Vgl. ebenda, S.1

Damit aber die Grundlage für den Tourismus nicht zerstört wird, sollte man den Urlaubern, den Mitarbeitern sowie der einheimischen Bevölkerung ein Naturschutzdenken näher bringen. „Hauptkonflikte entstehen durch ein sehr geringes Umweltbewusstsein der Bevölkerung (nicht nur der Touristen), welches sich z.b. in illegalen Müllabladestellen in Wäldern äußert."[61] Das Bewusstsein der Bevölkerung und die Einschätzung des Konfliktpotenzials von Tourismus und Naturschutz hängen auch von der Intensität des Tourismus in den Gebieten.[62] Um die massentouristischen Phänomene zu vermeiden, werden meistens Regelungen eingeführt, die die Besucherzahlen und –frequenzen in Grenzen halten sollten. „Besucherlenkung ist das Instrument, welches am häufigsten und am effektivsten eingesetzt wird. Maßnahmen, die auf ein verändertes Verhalten der Besucher und mehr auf die Umweltbildung abzielen, sind seltener zu finden. Dieses deckt sich mit der Auffassung der Experten, dass das allgemeine Umweltbewusstsein der Bevölkerung gering ist und harte Regelungen eher zum Ziel führen, als weiche Bildungsmaßnahmen – zumindest kurzfristig betrachtet."[63]
2.4.2. Die Kultur des Landes kann vom Tourismus sowohl profitieren, indem viele Traditionen für touristische Zwecke am Leben erhalten bleiben, als auch verloren gehen infolge der Globalisierung. In Polen ist man stolz auf eigene Kultur und versucht man sie zu bewahren: „Schon vor 5000 Jahren wurde in großen Bergwerken bei Krzemionki Feuerstein abgebaut, vor 2000 Jahren schmolz man in Nowa Słupia bereits Eisenerz in großem Stil. Beim alljährlichen Dymarki-Fest im August werden diese Traditionen wiederbelebt."[64] Die Wintersportferienorte Szczyrk oder Zakopane sind weithin auch wegen ihrer Folklore bekannt.[65] Zahlreiche Denkmäler, historische Bauten, Kirchen, Klöster werden restauriert und gepflegt. Viele Museen leben nicht zuletzt von den Einnahmen, die aus touristischen Besuchen resultieren.
Jedoch ist auch Polen vom Globalisierungsprozess betroffen. Fremdenverkehr könnte zum Erhalt der Traditionen beitragen, aber auch einen gewissen Akkulturations- und Imitationseffekt haben. Daraus können weitere soziale Problemfelder resultieren oder aufgrund dessen verstärkt sein (wie zum Beispiel Prostitution oder Ablehnung und Demonstration gegen den fremden Einfluss bei der Einheimischen Bevölkerung).
2.4.3. Im Allgemeinen trägt der Fremdenverkehr auch zur Imageverbesserung des Landes bei. In erster Linie muss aber der Ort bekannt werden. „Manche Regionen sind noch zu wenig bekannt in Deutschland. Jeder kennt Krakau, aber noch nicht die Region ringsum. Dass zum Beispiel Ustroń ein guter Kurort ist, muss erst noch bekannt gemacht werden."[66] „Der Nordosten Masurens und die Region um Suwałki sind bisher noch weitgehend unentdeckt. Dort bietet sich den Reisenden eine wunderschöne Mischung aus urigen Wäldern, idyllisch gelegenen Seen, alten Städten und Dörfern."[67] Zentralpolnischen Woiwodschaften Łódzkie und Świętokrzyskie sind deutschem Publikum auch nur wenig bekannt.
Das Flair der Kurorte in Polen hängt natürlich auch von der Qualität des Urlaubes und der angebotenen Behandlungen ab. In dieser Hinsicht hinkt noch Polen Tschechien hinterher. „Manche Gäste sagen, dass in Tschechien die Kuren intensiver sind. In Polen gibt es mehr Aufenthalte mit dem Charakter eines Kur-Urlaubs, während in Tschechien mehr klassische Heilkuren angeboten werden."[68]

---

[61] Nolte, S. 102
[62] Vgl. ebenda, S. 102
[63] Ebenda, S.103
[64] Polen aktuell 2, S.4
[65] Vgl. Business in Polen 2004, S. 177
[66] Polen aktuell 1, S.2
[67] Ebenda, S.3
[68] Ebenda, S.2

3. Zusammenfassung

Polen profitiert vor allem von seiner Lage in der Mitte Europas und seiner direkter Nachbarschaft zu Deutschland. Im historischen Zusammenhang kann man von einer ungleichmäßigen, schubartigen Entwicklung des Fremdenverkehrs sprechen. Der Wechsel der verschiedenen Systeme, politischer Situationen hat seine Spuren hinterlassen. Vor allem zentralistischer Regierungsgedanke, der dem sozialistischen Regime eigen war, hat eine schwierige Situation geschaffen. Mit dem Wegfall des Planungssystems und damit einiger Planungssicherheit mussten in Polen wie auch in anderen Ländern des sozialistischen Blocks neue Möglichkeiten zur Vermarktung und Organisation gefunden werden. Man muss feststellen, dass der schwierige Transformationsprozess in Polen noch nicht abgeschlossen ist. Es lassen sich auch starke regionale Unterschiede innerhalb Polens feststellen: so zieht ein Süden des Landes (Tatraregion; Krakow) mehr Besucher an als jede andere polnische Region. Jedoch ist schon heute Kolobrzeg im Norden des Landes „der bedeutendste Kur- und Badeort an der pommerschen Küste."[69]

Weitere Trends im Bereich des Fremdenverkehrs Polens gleichen denen in der EU. Eine aktuelle Entwicklung ist die des kurzen Urlaubes, vor allem auch des Bildungs- und Städtefremdenverkehrs, der dank den Billigfliegern in den MOE-Ländern ein großes Potenzial darstellt. Aber auch Gesundheitstourismus ist der Newcomer, dem die Zukunft, insbesondere in einer alternden Gesellschaft, die Möglichkeiten zum Gedeihen ausbreitet. Wenn die letzten bürokratischen Hindernisse an den Grenzen beseitigt werden, wird der Städtetourismus neben den Kur- und Erholungsaktivitäten in den MOE-Ländern zum bedeutendsten Zweig der Branche.

Im Rahmen der EU muss man auch einer anderen neuen Tendenz Aufmerksamkeit schenken, nämlich der grenzüberschreitenden Kooperation. Besonders an den früheren Grenzen liegende Gebiete waren vom Ausbau der Infrastruktur verschont geblieben, was meistens eine mehr oder weniger unberührte Landschaft hinterließ. Wenn man die Chance richtig nutzt und eine sanfte Form des Tourismus in den Gebieten entwickelt, wird man auf Dauer vom Naturerhalt in diesen Gebieten profitieren.

Derzeitiger niedriger Preisniveau in den MOE-Ländern bietet Wettbewerbsvorteile im internationalen Tourismus. Trotzdem „wird in den osteuropäischen Beitrittsländern die dynamische Entwicklung des Tourismussektors aufgrund unzureichender Vermarktung durch Reiseveranstalter und Infrastrukturmängel behindert: Neben vergleichsweise geringen Hotelkapazitäten [...] ist nur unzureichend ausgebaute Straßenverkehrsinfrastruktur ein gravierendes Manko, welches insbesondere die touristische Entwicklung der ländlichen Räume massiv belastet."[70]

Für eine erfolgreiche Vermarktung ist neben verschiedenen Reisefirmen auch besonders Internet als Medium zu nutzen. Wie man feststellen kann, wird diese Möglichkeit auch nicht außer Acht gelassen. Websites, die surfen in verschiedenen europäischen Sprachen erlauben, sind potenzielle Entwicklungsträger des Privattourismus. Sie sind vor allem bei der Suche nach den Regionen für den Kurzzeiturlaub sehr hilfreich und verschaffen einen ersten Überblick über die naturgegebenen Reichtümer des Landes.

---

[69] Ahlert: EU-Erweiterung, S.21
[70] Ebenda, S.6

4. Literaturliste

1. Ahlert, Gerd: EU-Erweiterung im Kontext zunehmender Internationalisierung – Auswirkungen auf den Tourismus. Gesellschaft für Wirtschaftliche Strukturforschung (GWS)mbH
http://www.gws-os.de/Downloads/gws-paper05-6.pdf   Stand 12.02.07
2. Ahlert, Gerd: Die volkswirtschaftliche Bedeutung des Tourismus: Ergebnisse des TSA für Deutschland. GWS Discussion Paper 2005/7
http://www.gws-os.de/Downloads/gws-paper05-7.pdf   Stand 12.02.07
2. Business in Polen. Erarbeitet vom Büro für Investitions- und Technologieförderung der Organisation für Industrielle Entwicklung der Vereinten Nationen in Warschau unter der Schirmherrschaft des Ministeriums für Wirtschaft und Arbeit. 2004.
http://www.wirtschaft-polen.de/de/pdf/publikationen/fremde/unido_polen2004de.pdf   Stand 12.02.07
3. Business in Polen. Erarbeitet vom Büro für Investitions- und Technologieförderung der Organisation für Industrielle Entwicklung der Vereinten Nationen in Warschau unter der Schirmherrschaft des Ministeriums für Wirtschaft und Arbeit. 2005.
http://www.wirtschaft-polen.de/de/pdf/publikationen/fremde/unido_polen2005de.pdf   Stand 12.02.07
4. Eisenstein, Bernd; Rosinski, André: Ökonomische Effekte des Tourismus. In: Becker, Ch.; Hopfinger, H.; Steinecke, A.: Geographie der Freizeit und des Tourismus. Bilanz und Ausblick. München, Wien: Oldenbourg Verlag, 2003. SS. 805-814.
5. Jedrzejczyk, Irena: Tourismus in Polen im Wandel der letzten 20 Jahre. In: Becker, Ch.; Hopfinger, H.; Steinecke, A.: Geographie der Freizeit und des Tourismus. Bilanz und Ausblick. München, Wien: Oldenbourg Verlag, 2003. SS. 568-581.
6. Job, Hubert; Vogt, Luisa: Freizeit/Tourismus und Umwelt – Umweltbelastungen und Konfliktlösungssätze. In: Becker, Ch.; Hopfinger, H.; Steinecke, A.: Geographie der Freizeit und des Tourismus. Bilanz und Ausblick. München, Wien: Oldenbourg Verlag, 2003. SS. 851-864.
7. Lommatzsch, Kirsten; Wozniak, Przemyslaw: Price level convergence and inflation in the EU-8.
http://www.euroframe.org/fileadmin/user_upload/euroframe/efn/spring2006/EFN_Spring06_App_KL
PW.pdf   Stand 23.03.06
8. Measuring the Role of Tourism in OECD Economies. The OECD manual on tourism satellite accounts and employment enterprise, industry and services. Part 2: OECD manual on tourism satellite accounts: employment module.
http://www.oecd.org/dataoecd/31/15/2401928.pdf
9. Nolte, Birgit: Regionalentwicklung durch Tourismus in Biosphärenreservaten Ostmitteleuropas – ein Erfahrungsbericht. In: Europa regional 02/04, SS.100-106
10.   Pelzer, Friedhelm: Polen: eine geographische Landeskunde. Darmstadt: Wissenschaftliche Buchgesellschaft, 1991.
11.   Polen Aktuell. Newsletter des Polnischen Fremdenverkehrsamtes für die Reisebranche. Nr. 1 – 22.01.2006, Nr. 2 – 24.02.2006, Nr. 3 – 28.03.2006, Nr. 6 – 21.06.2006
http://www.polen-info.de/main/reisebranche/newsletter/newsletter01_06.pdf   Stand 12.02.07
http://www.polen-info.de/main/reisebranche/newsletter/newsletter02_06.pdf   Stand 12.02.07
http://www.polen-info.de/main/reisebranche/newsletter/newsletter03_06.pdf   Stand 12.02.07
http://www.polen-info.de/main/reisebranche/newsletter/Newsletter06_06.pdf   Stand 12.02.07
12.   Radziwiłł, Artur; Walewski, Mateusz: Productivity Growth, Wage Flexibility and Future EMU Membership in Selected EU New Member States.
http://www.euroframe.org/fileadmin/user_upload/euroframe/efn/spring2006/EFN_Spring06_App_Rad
ziwill_et_al.PDF   Stand 23.03.06
13. http://www.polen-info.de/frameset-new.html   Stand 30.01.06
14. http://www.poland.gov.pl/gallery/serwis/polska_drogowa_d_879.jpg   Stand 30.01.06
15. http://www.eds-destatis.de/de/database/nms_pleu03.php?th=2&k=8   Stand 10.03.06

21

16. http://www.poland.gov.pl/gallery/serwis/polska_sasiedzi_d_884.jpg   Stand 30.01.06

17. http://www.stat.gov.pl/english/wyniki_wstepne/inflacja/2006/february.htm   Stand 23.03.06

18. Portal Unesco im Internet   Stand 23.03.06
http://portal.unesco.org/geography/en/ev.php-URL_ID=2468&URL_DO=DO_TOPIC&URL_SECTION=201.html

19. http://www.intur.com.pl/itenglish/statistics.htm   Stand 23.03.06

20. http://miranda.sourceoecd.org/vl=6704321/cl=18/nw=1/rpsv/factbook/01-01-02-g01c.htm
    Stand 12.02.07

21. http://www.world-tourism.org/   Stand 23.03.06

22. http://www.booking.com/searchresults.html?city=-553173)   Stand 20.04.06

23. http://www.export-import.pl/pages/guide/de/11TouPol.HTML   Stand 12.02.07